见识城邦

更新知识地图　拓展认知边界

企鹅科普
（第一辑）

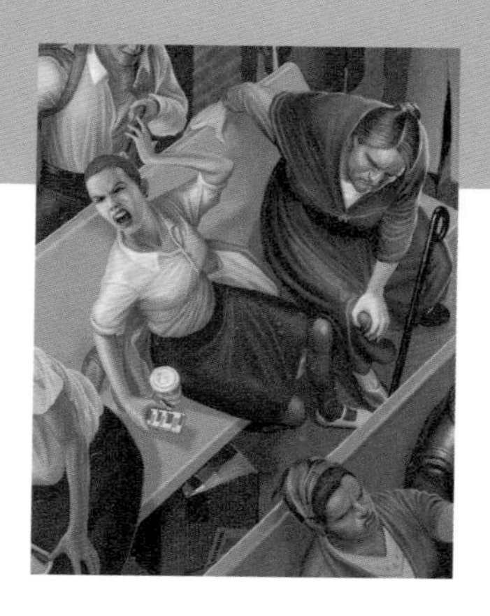

疼痛

[英] 艾琳 · 特雷西 著　[英] 斯蒂芬 · 普莱尔 绘　杨登丰　杨占 译

中信出版集团 | 北京

图书在版编目（CIP）数据

疼痛 / (英) 艾琳· 特雷西著 ; (英) 斯蒂芬 · 普莱尔绘 ;杨登丰, 杨占译. -- 北京 : 中信出版社, 2021.3

（企鹅科普. 第一辑）

书名原文: Ladybird Expert: Pain

ISBN 978-7-5217-2429-5

Ⅰ. ①疼… Ⅱ. ①艾… ②斯… ③杨… ④杨… Ⅲ. ①疼痛—青少年读物 Ⅳ. ①R441.1-49

中国版本图书馆CIP数据核字(2020)第217408号

Pain by Irene Tracey with illustrations by Stephen Player

First published in Great Britain in the English language by Penguin Books Ltd.

疼痛

著　　者：[英] 艾琳 · 特雷西

绘　　者：[英] 斯蒂芬 · 普莱尔

译　　者：杨登丰　杨占

出版发行：中信出版集团股份有限公司

（北京市朝阳区惠新东街甲 4 号富盛大厦 2 座　邮编　100029）

承 印 者：北京尚唐印刷包装有限公司

开　　本：880mm × 1230mm　1/32　　印　　张：2　　字　　数：23 千字

版　　次：2021 年 3 月第 1 版　　印　　次：2021 年 3 月第 1 次印刷

京权图字：01－2020－0071

书　　号：ISBN 978－7－5217－2429－5

定　　价：188.00 元（全 12 册）

国际疼痛研究协会（IASP）给出的相关定义

疼痛：一种与身体组织损伤或潜在身体组织损伤相关的、令人不愉快的主观感受和情感体验。

痛觉缺失：在正常情况下能够引起疼痛的刺激未引起疼痛的感受。

伤害性刺激：直接损害或可能损害正常身体组织的刺激。

伤害感受：神经纤维对有害刺激进行编码的过程。

伤害性感受器：外周躯体感觉神经系统中，能够传导和编码伤害性刺激的一种高阈值感觉受体。

伤害感受神经元：躯体感觉神经系统的一个中枢神经元或外周神经元，能够编码伤害性刺激。

于柔软处，于源头处，同所有的快乐一样，我的痛苦也是与生俱来的。

——米开朗琪罗

痛分三个等级：痛、超级痛和踩在乐高积木上的痛……

——佚名

找一个自愿献出生命的人比找一个愿意忍受痛苦的人简单得多。

——尤里乌斯·恺撒

没有痛苦，就没有收获。

——本杰明·富兰克林

疼痛是一种破茧而出的领悟。

——哈利勒·纪伯伦

神要擦去他们一切的眼泪，不再有死亡，也不再有悲伤哭号、疼痛……

——《圣经·启示录》

没有痛苦，没有牺牲，我们就一无所获……这就是你的痛苦，这就是你被灼蚀的双手，就在这里。

——电影《搏击俱乐部》

经历过磨难的美事会显得分外甘甜。

——威廉·莎士比亚

巨大的痛苦过后，庄严的感觉来临，条条神经正襟危坐，犹如一座座坟墓。

——艾米莉·狄金森

但谈及痛苦，我们却无话可说。应该有哭声，有缝隙，有裂痕，有从印花布罩上划过的白色，打破了时间感，没有了空间感；在划过的物体中也有一种极端牢固的感觉；很遥远的声音，随后又变得很近；皮肉被划开，鲜血喷涌而出，一个关节突然扭曲。在这一切之下，似乎有着非常重要却又遥远的东西，只能孤独地延续下去。

——弗吉尼亚·伍尔夫

正义改变了尺度，那些经历痛苦的人，终于获得了智慧。

——埃斯库罗斯

一种痛苦因另一种痛苦而减轻。

——威廉・莎士比亚

大自然把人类置于痛苦和快乐这两个至高无上的君主的统治之下。只有它们才能指引并且决定我们应该做什么。

——杰里米・边沁

没有痛苦，就没有意识的觉醒。

——卡尔・荣格

我不介意疼痛，但前提是不要让我受伤。

——奥斯卡・王尔德

疼痛是什么？

疼痛是生命体的一种警报机制，是大脑活动产生的一种感知。疼痛的产生表明生命体组织受到了损伤。所有动物，包括人类在内，都能感受到疼痛。造成疼痛的因素多种多样，例如轻微割伤或擦伤、拉扯头发、日晒伤、宿醉或关节疼痛等。疼痛提醒我们：身体正在受到伤害，情况可能还会进一步恶化，要赶快采取行动，停止伤害。

在临床中，急性疼痛是指持续时间较短的疼痛，具有警示意义，对人体是“有利”的，可以挽救患者的生命。我们之所以知道这一点，是因为一些人因患有罕见的遗传疾病——先天性无痛症（congenital insensitivity to pain，CIP）——而丧失了痛觉。他们的寿命往往都很短，因为在身体遭受严重伤害的时候，他们感觉不到疼痛，直到出现严重感染或大量失血危及生命的紧急时刻，才会有所察觉，但那时一切已经无法挽回。由此可见，感受急性疼痛对于人体非常重要。

慢性疼痛则完全不同。它指的是持续或反复发作约 4 个月的严重的长期疼痛。这是一种“不利于”人体的疼痛，它既可能是其他疾病或损伤所表现出来的症状，也可能是疾病本身的症状。慢性疼痛平均大约持续 7 年，但有时也会超过 20 年。此外，慢性疼痛还经常伴有睡眠不佳、焦虑以及抑郁等问题。令人震惊的是，在成年人中，慢性疼痛患者的比例高达五分之一，他们承受着巨大的痛苦。慢性疼痛也是全球最大的医疗健康问题之一。

要了解“疼痛”，我们需要深入研究大脑、身体、意识以及心理等诸多方面的问题。疼痛经过了漫长的进化历程，它既是一种感观上的体验，也是情感与主观的体验。在本书中，我们将踏上“疼痛”之旅，去更好地了解生命中这一古老而又重要的体验。

对疼痛的早期认知

2000 多年前，我们还没有真正认识到大脑是产生思想、推理和感知（视觉、听觉、味觉、嗅觉、触觉）的器官。但那时的古希腊医师希波克拉底（约前460—前 377）就指出，喜悦、悲伤和痛苦这些私人的、主观的事物都在大脑里。后来，法国哲学家勒内·笛卡儿（1596—1650）也坚信，疼痛的感觉来自大脑。他画了一幅图来解释自己的理论。画中，一个男孩的脚放在火中，一根传递信号的线条从他的脚趾连接到了大脑，大脑“拉响了警报”并嚷嚷道：“哎哟！痛死了！快把脚挪开！”从这幅画传递的信息来看，信号从受伤部位被原封不动地传递到大脑，途中并没有发生任何改变，但事实并非如此。我们现在知道，这些信号在从受伤部位传递到大脑的过程中，在不同节点发生改变，就像调节电视音量一样对疼痛的程度进行调节。

诺贝尔奖获得者查尔斯·斯科特·谢灵顿（Charles Scott Sherrington，1857—1952）是一位杰出的神经学家，在疼痛研究领域取得了很多卓越的成就。他发现，皮肤的表皮之下存在一种只有在受伤时才会被激活的特异性神经。他将这些接收疼痛信号的神经称为“痛觉感受器”。当感受器被触发时，会向脊髓发送信号，脊髓随后将这些信号传送至大脑，大脑将“疼痛”作为一种体验或者感觉呈现出来。反过来，大脑也会对脊髓施加影响，从而构成一种调节机制。这种机制可以增强或减弱传入的伤害性刺激（疼痛信号）。

是什么伤害了我们？

生活中，伤害的源头通常可以分为三大类：第一类是机械类刺激，如刀具切割或重物碾压；第二类是温度类刺激，如高温灼伤或低温冻伤；第三类是化学类刺激，如酸性腐蚀、辣椒、毒蛇咬伤、荨麻刮伤或者运动后因乳酸堆积导致的肌肉酸痛。以上刺激都属于“有害刺激”，会对正常的生理组织造成损害或构成威胁，同时产生疼痛。那么，它们是怎样导致疼痛的呢？这就必须提到痛觉感受器上的“受体”了。不同伤害性刺激的痛觉感受器遍布于皮下、关节、肌肉及其他内脏器官中，而这些感受器上都有独特的接收疼痛信号的结构，被称为“受体”（或“离子通道”）。为方便理解，我们可以把“受体”想象成一把把闭合的锁，切割、烧伤或蜇伤这些伤害性刺激就像是与之对应的钥匙。当这些刺激作用于皮肤时，这些“钥匙”就会解开相应的“锁”，即“解锁”特定的受体，让离子流过通道，从而激活痛觉感受器，刺激感受器向脊髓发出信号并将信号传递至大脑，使之产生疼痛的感觉。

无论是构造简单的海蛞蝓，还是较复杂的人类，所有动物都能感知疼痛并做出反应。要是不小心踩到了图钉，或是手碰到了热锅，你会突然哆嗦一下，一边抱怨，一边迅速把手或脚缩回来，此时就是谢灵顿反射在发挥作用，我们称之为“伤害防卫反应”。面对捕食者，一些动物，例如海蛞蝓，会分泌出有毒且难闻的液体，或喷射出一团带有颜色的烟雾，以此威慑敌人，蜘蛛和蛇会通过蜇咬引发疼痛来击退敌人。这些都会让敌人产生疼痛的感觉，都是很巧妙的防御手段。

植物也会产生有伤害性的化学物质。植物学家认为，这是为了对抗被吃而进行的自我保护。然而，这并不能阻止人类食用植物的脚步，像辣椒、辣根和芥末等食品，其“攻击性”恰恰能给人类带来一种既痛苦又愉悦的奇妙感受。割草时，青草会散发出清新的气味，有些人觉得，这是青草在“哭诉着向昆虫求助”。这一观点听起来很有意思，但我并不认同。

为什么吃辣椒时感觉热，而吃薄荷时感觉冷？

在过去的 20 年里，美国的戴维·朱利叶斯（David Julius，1955— ）和阿德姆·帕塔普蒂安（Ardem Patapoutian，1967— ）的研究团队从分子生物学入手，对触发疼痛的分子传感器有了新发现。他们的研究表明，很多痛觉感受器属于多觉型。也就是说，多种伤害性刺激可以触发同一种感受器，刺激其向脊髓发出信号。那么，这一发现有什么现实意义呢？

拿温度来说，人体可以感受不同温度，判断温度是高还是低，是过冷还是过热，从而避免给身体带来伤痛。我们之所以能够做到这一点，是因为我们体内有各种各样的“锁”。有趣的是，体内探测不同温度的“锁”竟然来自同一个大家族——瞬时受体电位（TRP）通道，它们具有很高的相似性。更为重要的是，其中很多“锁”都属于多觉型。也就是说，它们既能被温度激活，也能与植物、草药或香料中的化学物质相结合而被激活。比如，我们吃薄荷时感觉到“冷”，是因为薄荷中含有的化学物质薄荷醇解开的“锁”是多觉型的，这样的“锁”也能因低温而被解开。薄荷醇和低温都激活了 TRPM8 通道。热刺激也是同样的道理：TRPV1 通道既能被高温激活，也能被辣椒中的辣椒素激活。我们“木讷的”大脑无法破译到底是哪把“钥匙”解开了“锁”，进而触发感觉神经。这就解释了为什么我们吃辣椒时感觉“热”，而吃薄荷时感觉“冷”。

这些发现可以解决我们生活中的一些小问题，例如，辣椒素的化学成分中含有可溶于脂肪的香草酸。如果吃咖喱时喝水，会将辣椒素扩散到整个口腔，触发更多感受器，因此会感到更辣。想要解辣的话，不如吃一些富含脂肪的食物，比如意式酸奶和原味酸奶。

除瞬时受体电位通道外，还有许多其他类型的感受器和离子通道，它们可以感知机械性或化学性伤害产生的有害信号。所有这些机制都是为了随时监测生命体是否受到伤害或患有疾病。

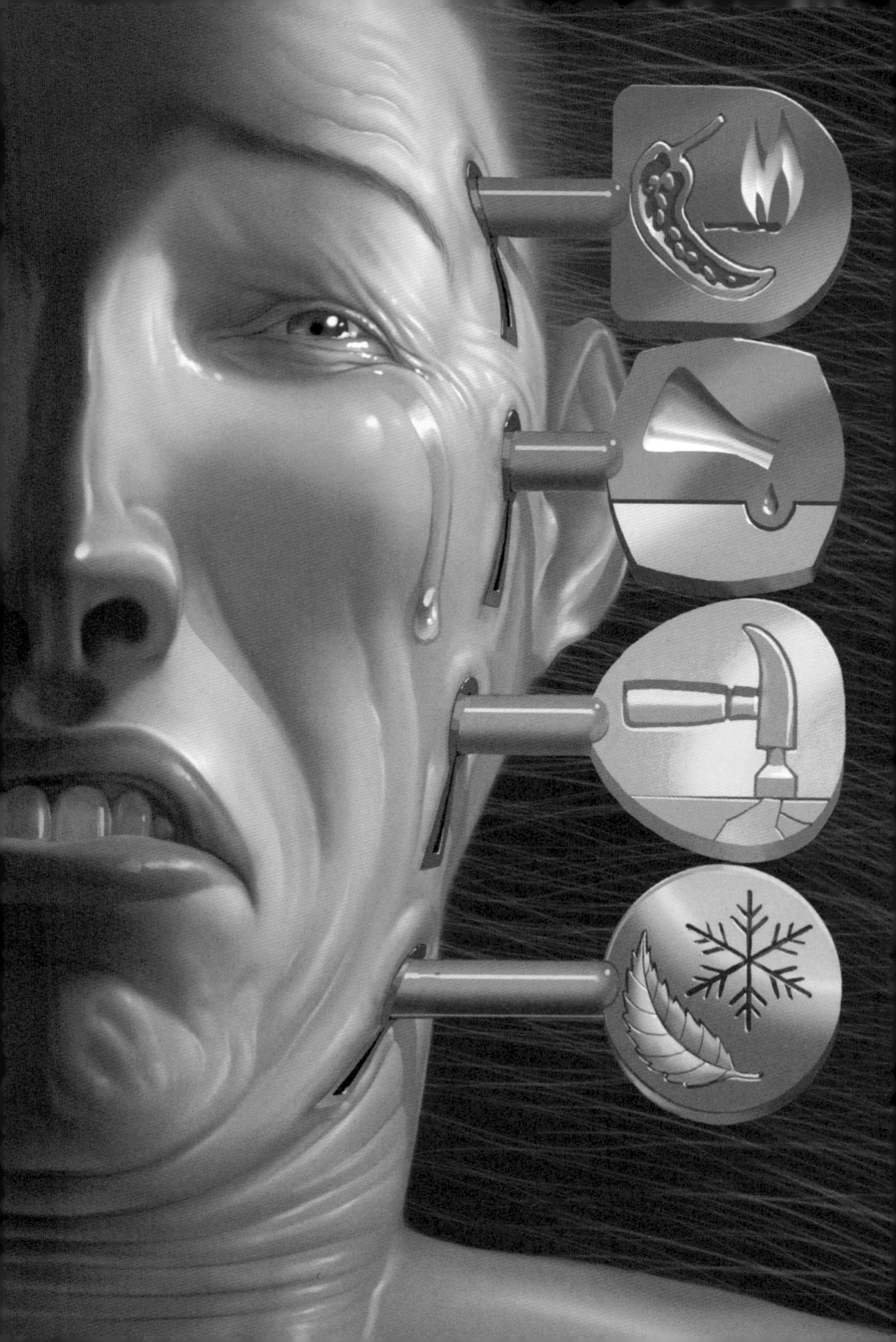

长痛、短痛和不痛

我们基本的感知，如视觉、听觉和疼痛，都在神经元系统中有三级编码。以疼痛的产生为例，第一级是转导：伤害性信号解锁，触发受体或离子通道，激活痛觉感受器。第二级是传递：被触发的信号沿周围神经传入脊髓，经脊髓传递至大脑。第三级，也是最后一步，发生在大脑中，即产生感知，使我们感到疼痛，发出“哎哟”一声，同时意识到自己受伤了。

除了脑和脊髓（这两者被合称为中枢神经）之外的神经被称为周围神经，主要包含三类神经纤维：传导正常的、非伤害性感受的 Aβ 纤维；传导形成迅速、近乎“尖锐”的如针刺般疼痛的 Aδ 纤维；传导形成缓慢、持续时间长的钝痛和酸痛的 c 纤维。它们负责以不同的速度将信号传至脊髓：Aβ 纤维的传导速度约为 50 米 / 秒；Aδ 纤维的传导速度约为 15 米 / 秒；c 纤维的传导速度约为 1 米 / 秒。疼痛信号在传输至其他神经细胞（神经元）的过程中，可能会受到调节，就像电视音量那样被调大或调小，然后再通过神经束传至大脑。

短痛也称“第一痛”，通常定位明确，但持续时间短，消失得也快。它能迅速引起我们的注意，提醒我们采取行动。长痛也称“第二痛”，持续的时间要长一些，会警示我们身体的某个部位出了问题。这类疼痛会促使我们向医生求助，以避免身体受到进一步伤害。先天性无痛症患者因为自身遗传缺陷，导致伤害性信号激活感受器之后，在传递环节（神经元系统三级编码中的第二级）受阻，信号不能抵达脊髓和大脑。因此，他们也就无法感受到疼痛。

最近，人们发现了一种新的周围神经，即 C–触觉神经。这类神经能在受到抚摸时被激活，传递愉悦的信号。目前，科学家正就这类神经能否缓解慢性疼痛展开深入研究。

起点
7 秒
100 秒
终 点

闸门控制学说

自笛卡儿后，学界普遍认同，伤害性信号的传递就如同接力赛中传递接力棒一样，由脊髓单向传输至大脑。然而，1965 年，罗纳德·麦扎克（Ronald Melzack，1929— ）和帕特里克·沃尔（Patrick Wall，1925—2001）提出了一种不同的观点。他们观察到，孩子跌倒后，父母轻抚孩子受伤的部位会有神奇的镇痛功效。他们据此提出一种理论，来解释这种伤害性信号“关闭闸门”的现象。

父母抚摸孩子的皮肤时，其实是激活了接收非伤害性感受的 Aβ 纤维。脊髓接收到了由该纤维传递的“正常触摸”的信号，于是对来自 c 和 Aδ 纤维传输的伤害性信号“关闭闸门”，伤害性信号被“闸门”阻断或抑制，无法传输到大脑，所以孩子就感觉不到疼痛了。他们将这一理论命名为“闸门控制学说”，认为伤害与疼痛之间存在可变关系。换言之，疼痛的程度并不完全由伤害的程度决定，也会受脊髓调节机制（脊髓处“闸门”增强或减弱伤害性信号）的影响。这一学说是疼痛心理学发展的里程碑，为疼痛领域的研究开辟了新的思路。根据这一学说，脊髓中的“闸门”实际控制着伤害性信号进入大脑的数量，是决定实际疼痛体验的“守门人”。

根据该理论，许多治疗疼痛的认知和行为治疗技术应运而生。慢性疼痛患者就是其中的受益者，基于该学说，医生为慢性疼痛患者植入脊髓刺激器以缓解疼痛。当刺激器工作时，其产生的微弱电流触发 Aβ 纤维向脊髓传递信号，干扰疼痛部位的信号传递，从而抑制疼痛。植入这一装置，就无须一直摩擦皮肤以产生触发 Aβ 纤维的信号，确实非常方便，但并不适用于所有患者。同理，医生也会建议产妇在分娩时使用经皮电刺激神经治疗仪来缓解阵痛。这种仪器通过粘在皮肤上的电极片激活 Aβ 神经纤维向脊髓传输信号，从而将分娩疼痛信号“关在闸门之外”。

大脑与疼痛

正如希波克拉底在2400多年前所说的那样，疼痛产生于大脑。没有这种突发性的大脑活动，我们虽然也能感知伤口的存在，但不会感到疼痛。疼痛离不开大脑的意识，而失去意识之后是感觉不到疼痛的。这就好比在手术中实施麻醉，只要麻醉师的工作没出错，麻醉中的患者就不会有疼痛的感觉。

大量神经束将来自脊髓的信号传送至脊髓顶端，这里有一个非常原始的大脑结构，那就是脑干。此时，我们就会注意到伤口的存在。在接下来的内容中，我们将看到脑干在调节疼痛的过程中所起到的关键作用。随后，信号会传到大脑最重要的感觉传导接替站——丘脑。丘脑就像航空枢纽，第二级神经元会在丘脑内更换为第三级神经元，随后沿各自的传导通路投射到大脑皮层，激活大脑的其他区域。

例如，我们在切菜的时候，不小心切到了手，下意识地叫了一声“哎哟”，这就是短痛（Aδ纤维在传输伤害信号）。就在那一瞬间，用不着多想什么，我们就会觉得痛，然后精准定位伤口的位置，也意识到这是具有一定强度的机械性伤害。此时，大脑的活跃区域是我们的感觉分辨区。因为这个小失误，我们的心情开始变得糟糕，注意力也全集中在这件事情上面，怀疑自己是不是有点笨，这太让人沮丧了，下次切菜的时候可得小心一点儿。我们会马上把手伸到水龙头下面，冲洗伤口，用创口贴止血。此时，大脑的活跃区域是认知—动机—情感网络。当我们晚饭后洗碗时，因为伤口的情况有所改变，我们又感到一阵阵疼痛，这是c纤维又开始传输伤害信号的表现。受伤后，大脑的活动模式会发生改变，直到一两天之后，手才不会感到疼痛。简单来说，被激活的大脑各区域协同配合，从而产生复杂、多层面和不断变化的感受。

婴儿会感到疼痛吗？

19 世纪 90 年代，德国解剖学家保罗·弗莱克西希（Paul Flechsig，1847—1929）提出，婴儿可能感觉不到或者不记得疼痛。他观察到，新生儿的大脑尚未发育完全（确切地说，是髓鞘化尚未完成），大脑外表面的皱褶（大脑皮质）尚未完全成形。直到青春期至成年早期，大脑皮质和其他大脑区域仍然在不断发育。在遗传基因和个人成长经历的共同影响下，髓鞘化以及沟回皱褶才会逐渐完整。根据这一发现，弗莱克西希和另外一部分人认为，婴儿的大脑处理伤害性信号的方式可能与成年人不同，并由此得出结论：婴儿感觉不到疼痛。

然而，令人大跌眼镜的是，这种荒谬的理论，甚至可以说是令人瞠目结舌的歪理，竟然在很长一段时间被人们认同。幸好人们还有常识，再加上科学和现代影像技术也在不断发展，科学家们对大脑的认识不断加深。终于有一天，这种理论被彻底推翻了。事实上，婴儿的大脑接收伤害性刺激时的激活方式与成年人的大脑没什么不同。

1911 年，著名的内科医生亨利·海德（Henry Head，1861—1940）和戈登·霍姆斯（Gordon Holmes，1876—1965）提出，大脑皮质有损伤的士兵仍然能感到疼痛。基于这一结果，他们提出假设，认为大脑皮质在疼痛感的产生过程中只起了次要作用。不过，他们的假设很快就被推翻了，因为后来的研究证明，人能感受疼痛，确实离不开大脑皮质。尽管婴儿的大脑皮质尚未发育完全，但也足以让婴儿们感知疼痛，然后哭闹不止。

植物没有大脑，也没有神经系统。这就是我们割草时，草不会感到疼痛的原因。那么，机器人呢？我们能不能给它们安装简易的神经系统，训练它们感受疼痛，或者让它们能够对他人的疼痛感同身受，并产生怜悯之情？目前，这些想法还无法实现。

表达疼痛：语言、手势、性别

人们表达疼痛的方式受到历史、性别以及文化差异的影响。表达疼痛时，人们会借用具有当地特色的隐喻。比如，印度人会把烫伤说成“炒焦的鹰嘴豆”；生活在日本北方的阿伊努人会说“啄木鸟头痛”；西方人在描述疼痛的时候，形容长痛时习惯说“像被反复啮咬般”，形容短痛时则会说“像被穿刺般”或“像被碾压般”等。

先天因素（基因）与后天因素（环境）共同决定了对疼痛阈值和耐受力的程度。对于疼痛，有些人非常敏感，有些人则比较迟钝；有些人能耐受很久，有些人却一刻也忍受不了。说起疼痛，很多人总是把它和性别联系在一起，认为女性对疼痛的感受和男性不同，从而形成对女性的各种偏见和刻板印象。但是，这种观念正在改变。那么，男性与女性对于疼痛的感知是不是存在差异呢？这个问题现在还没有定论。这确实是一个很难回答的问题，其根本原因在于疼痛是一种非常主观的个人体验。此外，我们尚不知道为什么女性更容易遭受慢性疼痛的折磨。

在实验中或诊所，我们通常要求人们从两个维度对疼痛进行评估：强度（有多疼）和不愉快程度（有多烦人）。然而，人们在描述疼痛时，不单单是根据实际感受到的疼痛来做决定，情绪因素也会干扰评估结果。实际疼痛感和情绪因素相互影响，相互作用，导致感受变得更加复杂。这就意味着，不管是同一个人还是不同的人，对疼痛的感受都不可能是一模一样的。一般情况下，我们用从“0”到“10”的 11 个整数来划分疼痛程度的等级：“0”代表无痛，“10”代表最剧烈的疼痛。从“0”到“10”，疼痛程度逐渐递增。但是，我认为的 10 级疼痛（比方说，刚生了三胞胎）与你认为的 10 级疼痛一样吗？每个人不同的生活经历会影响我们对疼痛的判断，也会导致不同的划分标准。更何况，我们的记忆力都是有限的。我今天对疼痛的判断和昨天的判断能一样吗？这就是评估疼痛时所面临的挑战：它太容易受主观因素的影响，因而很难有一个确切的判断。

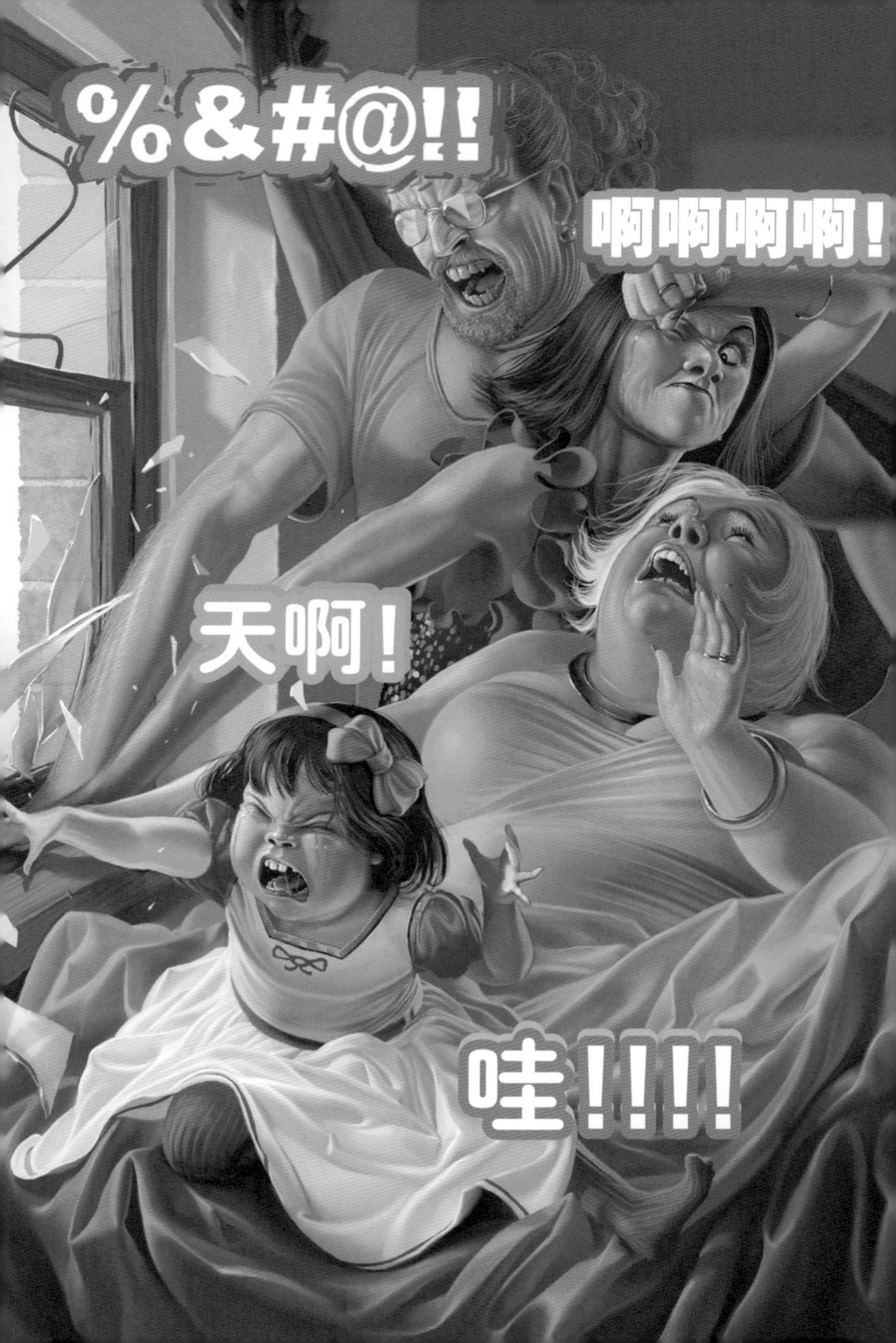

%&#@!!
啊啊啊啊！
天啊！
哇!!!!

衡量疼痛——文化与社会偏见

衡量一个人的疼痛程度和不愉快程度主要有三种方法：

1. 使用数字量表、疼痛词汇量表或调查问卷，询问年龄很小的孩子时，图像量表就很管用，比如利用从悲伤到大笑等各种表情图像进行评分；

2. 观察他们的行为，根据他们是否紧锁眉头、捂住痛处或跛行等推断他们疼痛和难受的程度；

3. 如果他们处于昏迷、精神错乱或麻醉状态，则可以观察植物神经的反应（人体无法有意识控制的自主神经系统），如心率或呼吸频率变化，以及瞳孔扩张。

疼痛的主观性强，个体差异大，这就造成这些测量方法都存在不可弥补的缺陷。加之长久以来，我们深受“没有痛苦，就没有收获”“吃得苦中苦，方为人上人”等传统观念的影响，因此在评判他人痛苦的时候，很难不存在文化与社会偏见。虽然我们对他人的疼痛心生同情，但说实话，有时候我们还是会忍不住怀疑对方说的是不是真的。正因如此，无论是向法院申请伤残索赔，评估麻醉、昏迷或痴呆的老年患者的疼痛程度，还是评估早产儿或动物的疼痛状况，我们都应该竭力避免偏见。真正了解他人的疼痛是一件很困难的事，我们不能低估其中的难度。新型脑成像技术可以帮助我们更客观地认识疼痛，认识不同类型疼痛的不同表现形式。这有助于揭开疼痛的神秘面纱，消除人们对疼痛的误解、偏见或错误态度。

幻肢痛

幻肢痛是一种典型的常人看来不可思议的疼痛，很容易因其他人的偏见而遭到质疑。事实上，幻肢痛是一种可怕的慢性疾病，会给患者带来巨大的痛苦。天生就有肢体缺失的人并不会出现幻肢痛，这种疾病往往发生在因事故或手术而失去全部或部分肢体的人身上。这些人一方面遭受着肢体缺失的折磨，另一方面，曾经存在的那个部位的疼痛和各种怪异的感官体验反复提醒患者，“部分肢体不存在了”。有些患者形容那是一种像闪电或者电击一样的疼痛，也有人觉得那是一种像冰刺或烧灼一样的疼痛。我们不妨想象一下，如果我们失去了某部分肢体，将是怎样一种感受。

早期的一个理论认为，幻肢痛是由大脑引起的。由于缺少了来自断肢的感觉输入，大脑会将这方面的信号放大，似乎是在大声呼喊：“你在哪儿？”但这种理论似乎与事实并不相符。另一种理论则是建立在观察的基础之上。观察发现，大脑皮质在适应缺失肢体的过程中会发生改变，进行功能重组。有人认为，神经可塑性变化（或大脑皮质功能重组）导致了疼痛。由此，人们发明了镜像疗法，以治疗幻肢痛。该方法是利用镜箱（或者现在的虚拟现实技术）制造视觉上的幻象，以欺骗大脑，让它误以为镜中完好肢体的镜像就是缺失的部分，从而促使它恢复正常模式，消除疼痛。目前，该研究正在深入进行。

基于一系列观察和发现，一些学者又提出了新的理论。它认为，在大多数情况下，受损肢体的神经仍会向大脑发出伤害性信号，但由于肢体缺失，信号传输会受到阻滞。而在痛觉产生机制中扮演重要角色的大脑会对信号进行模拟，用痛觉来填补受阻的信号，从而引发幻肢痛。因此，服用药物可以阻断受损神经，以缓解疼痛。但这种治疗方案并不对所有人有效。所以，仍有许多问题有待我们解决。

大脑冻结：痛并快乐着

很多类型的疼痛既奇怪又奇妙，比如牵涉痛。出现牵涉痛的部位并无实际损伤，真正有问题的是身体的其他部位。前文介绍的幻肢痛就是牵涉痛的一种，更典型的牵涉痛是心脏病发作时，左臂会出现疼痛。而最为人熟知的牵涉痛应该是“大脑冻结”，也叫“冰激凌头痛”，即因冰激凌吃得太快而引发的头痛。在身体发育过程中，体内神经开始“布线”连接，来自内脏器官（如心脏）的疼痛神经与来自皮肤特定区域（或生皮节）的疼痛神经相互交织。心脏病发作时，大脑无法分辨信号来源，因此“优先”将疼痛“委派”给皮肤，哪怕实际上疼痛信号是由心脏器官发出的。大脑冻结也是同样的道理：大脑误把上颌神经发出的疼痛信号当成前额发出的。这种疼痛的学名叫作“蝶腭神经痛”。所幸，这种疼痛持续的时间只有几秒钟。把冰激凌吞下去之后，疼痛就消失了。所以，吃冰激凌的时候要慢一点！

换个角度来思考一下：我们能够让疼痛变得愉快吗？确实可以。运动员在高强度训练或极限运动（如跑马拉松）之后，会产生疼痛和肌肉酸痛，但这疼痛被认为是“有益的疼痛”，因为运动员将这种疼痛与训练的积极意义相联系，相信这种疼痛能够获得回报，是具有价值的感觉。施虐狂与受虐狂则是一个极端的例子，他们利用疼痛使自身获得快感。科学尚不能解释这一点，但从某种程度上说，这赋予了疼痛全新的价值或意义。我们可以有意识地重新评估疼痛，在某种情况下可以将其定义为有回报的事情。大脑也会玩些诡计，这确实很有趣，同时也为我们缓解患者的疼痛提供了新思路。研究人员正朝着这个方向积极地展开研究，试图破解大脑的奥秘。和计算机一样，大脑也拥有强大的内置系统，而我们则致力于实现访问和操纵这个系统，从而让疼痛变得愉快。

21.04.62
Texting bleou floor romo
blovc ehjo. Delln ne
JEANSF JUTDY KIVLOEST
TGK

阻滞疼痛：心胜于行

爱因斯坦曾说过："在一个漂亮的姑娘身边坐一个小时，感觉像只过了一分钟；把手放在滚热的炉子上一分钟，感觉像过了一个小时。这就是相对论。"这句巧妙的名言揭示了一个规律：转移注意力可以减轻疼痛。无论是战场上的士兵，还是在激烈的比赛中高度兴奋却不慎受伤的运动员，他们常常不会立刻意识到伤痛的存在。直到事后，疼痛的感觉才一下子席卷而来。对于慢性疼痛患者而言，有时听听音乐或者看一部扣人心弦的电影，也可以减轻他们的疼痛。

用转移注意力的方法减轻疼痛其实早已广为人知。还记得麦扎克和沃尔提出的闸门控制学说吗？该学说认为，脊髓会调节伤害性信号。在此基础上，另外两位疼痛学专家霍华德·菲尔茨（Howard Fields）和艾伦·巴斯鲍姆（Allan Basbaum）进行了更深入的研究。他们发现，脑干中存在一个系统，同样可以连接并调节脊髓中的伤害性信号。该系统可以有两条"控制臂"，一条被称为"促进臂"，能增强疼痛信号，传输更多信号至大脑，从而加剧疼痛；另一条被称为"抑制臂"，能对疼痛信号起抑制作用，减少传输至大脑的疼痛信号，从而缓解甚至完全消除疼痛。这两种调节方式就像是调节音量的旋钮，将来自受伤部位的传入信号调大或调小。这一系统与控制脑干的其他脑区一起，并称为下行疼痛调节系统（DPMS）。

让我们回到爱因斯坦说过的话上。事实上，转移注意力的作用就是发挥下行疼痛调节系统的抑制作用，减少传入大脑的疼痛信号。它通过释放内源性（内生的）阿片类物质来阻隔信号。这听起来是不是很酷？

安慰剂镇痛的发展史

安慰剂镇痛是指通过假装干预或药物（例如糖丸）来缓解疼痛。首先，患者必须坚信，在接受该治疗后，疼痛会得到缓解；然后他们“被骗”吃下糖丸。“安慰剂”一词的起源很有意思，它可以追溯到中世纪，原指在葬礼上演唱的拉丁圣歌，后者通常由雇来“守丧”的僧侣吟唱。这也就是为什么直到今天，人们仍然将其视为带有“欺骗”和“虚假”含义的贬义词。然而，事实并非如此。

1955 年，医生亨利・比彻（Henry Beecher，1904—1976）基于他在第二次世界大战中治疗士兵的经验及战后的工作经验，发表了其关于安慰剂镇痛（以及其他安慰剂效应）的发现。在患者不知情的情况下，比彻用生理盐水代替吗啡注射进患者的体内，患者仍然感到疼痛得到了缓解。由于有了这一发现，我们今天在开发新药时，必须通过安慰剂对照的随机试验，以证明一种药物的疗效明显优于安慰剂的疗效。试验通过后，该药物方能被视作有效而获得生产批准。

不幸的是，当时的社会和医学界认为安慰剂反应是一件坏事。那时的人缺乏对科学和基础生理机制的正确认识，再加上根深蒂固的社会与文化偏见，“安慰剂试验”常常被用来识别“到底是谁在说谎”。但事实上，并没有人说谎，安慰剂确实有效。两千多年前，希波克拉底和盖伦就已经认识到了医患互动的重要性。两者的互动会影响患者对于治疗效果的心理预期，也会影响患者实际的疼痛感受。在魔幻文学“哈利・波特”系列图书中，主角哈利为帮助好友罗恩，让其喝下了能带给人幸运的魔药“福灵剂”。随后，罗恩果然在魁地奇大赛中发挥神勇，成为全场的英雄。从某种意义上说，安慰剂就是现实世界中的“福灵剂”。

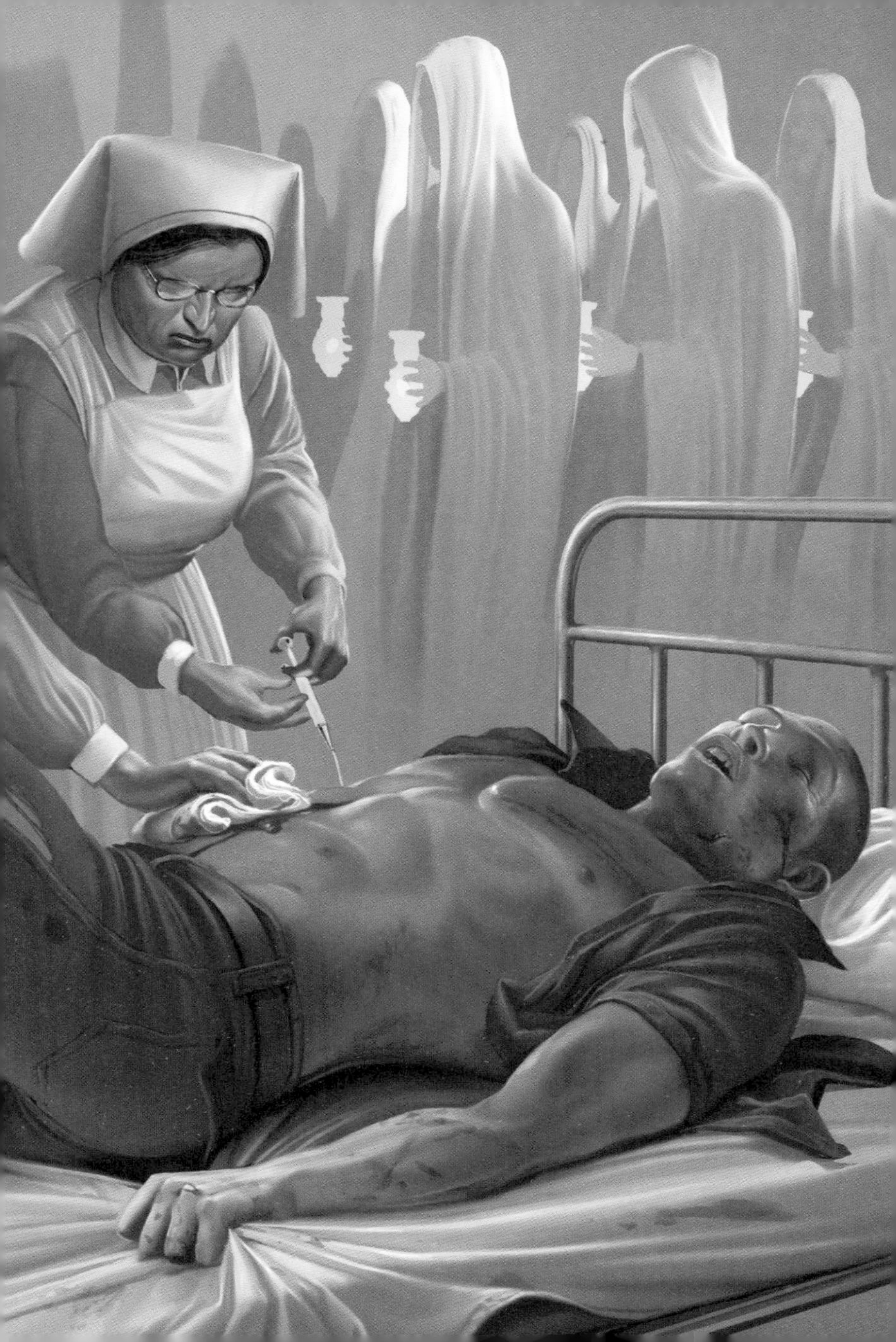

安慰剂和反安慰剂："求痛得痛"背后的科学

控制注意力集中、分散以及心理预期的大脑区域互相连接，从而控制脑干下行疼痛调控系统的抑制臂和促进臂。科学家对其中的许多神经化学物质，包括血清素、去甲肾上腺素和内源性阿片类物质都有了深入的了解。如果一个人服用了阻止阿片类物质发挥作用的纳洛酮，就无法再通过转移注意力（或安慰剂）来缓解疼痛。

安慰剂镇痛就是通过促进下行疼痛调控系统工作而起作用的。脑成像实验表明，在安慰剂镇痛过程中，大脑前部的区域与脑干，尤其是导水管周围灰质进行着"交谈"，以驱动抑制脊髓伤害性信号的"抑制臂"。因此，疼痛会得到缓解。现代医学应该继续使用安慰剂吗？尽管它确实可以缓解疼痛，但这是医生对患者的欺骗。这样看来，使用安慰剂涉嫌违背医德。

与之相关的是，许多用于解除疼痛的手术并未与"安慰剂手术"进行对照试验，因此尚不清楚手术本身是否具有超越安慰剂效应的益处。不过，最近的研究已经证明，一些手术并不能消除疼痛。也就是说，这类手术等同于安慰剂。这一发现引发了不小的轰动。

接下来，不得不提到安慰剂"丑恶"的对立面：反安慰剂。反安慰剂效应是指因大量负面预期或体验而导致的疼痛加剧，比如药物副作用，或者认为自己受到了实际并不存在的伤害。患者自认为已经停药，哪怕实际上并没有停药，这一想法也会使大脑的焦虑"放大器"否认药物的实际镇痛效果，进而重新感知疼痛。你会切切实实地感受到想象之中应有的疼痛，可谓"求痛得痛"。

慢性疼痛的事实与数据

慢性疼痛是指持续或反复发作4个月的疼痛。五分之一的成年人都患有慢性疼痛，老年人和妇女更为普遍，这为患者带来了难以言喻的痛苦，也给社会带来了巨大的财政负担。在美国，每年用于治疗慢性疼痛的费用，以及因患者无法工作而造成的经济损失约为6 000亿美元；而在欧洲，这一数字也近2 000亿欧元。

慢性疼痛既可能是某种疾病的症状，也可能就是疾病本身，它主要分为三类：第一类是慢性伤害性疼痛或慢性炎性疼痛，例如骨关节炎和类风湿关节炎；第二类是慢性神经性（神经损伤）疼痛，例如糖尿病痛性神经病变、多发性硬化、卒中或创伤性神经损伤；第三类是慢性特发性（病因不明）疼痛或慢性功能性疼痛，例如纤维肌痛或肠易激综合征。大多数患者还有其他并发症，如焦虑、抑郁、疼痛灾难化（夸张的负面思维）、失眠、怕动和快感缺失（无法享受日常生活）。此外，还有少部分疼痛是由于“功能获得性”突变引起的，如红斑性肢痛症，它会导致腿部和脚部持续的剧烈灼伤痛。与之相反的是“功能缺失性”突变，它会导致我们前面提到的先天性无痛症。

令人遗憾的是，对慢性疼痛奏效的药物并不多。此外，行之有效的阿片类药物可能会引起患者的依赖，甚至成瘾。服用一段时间后，阿片类药物带给患者更多的是副作用，而其缓解疼痛的功效会大大降低。目前，美国和其他一些国家面临阿片类药物滥用的问题，每天都有很多人因过量服用阿片类药物而死亡。我们需要有更好的方法来缓解慢性疼痛，但不幸的是，直到现在，我们还是不能从基因或生活方式的角度解释为什么有些人会患上慢性疼痛。

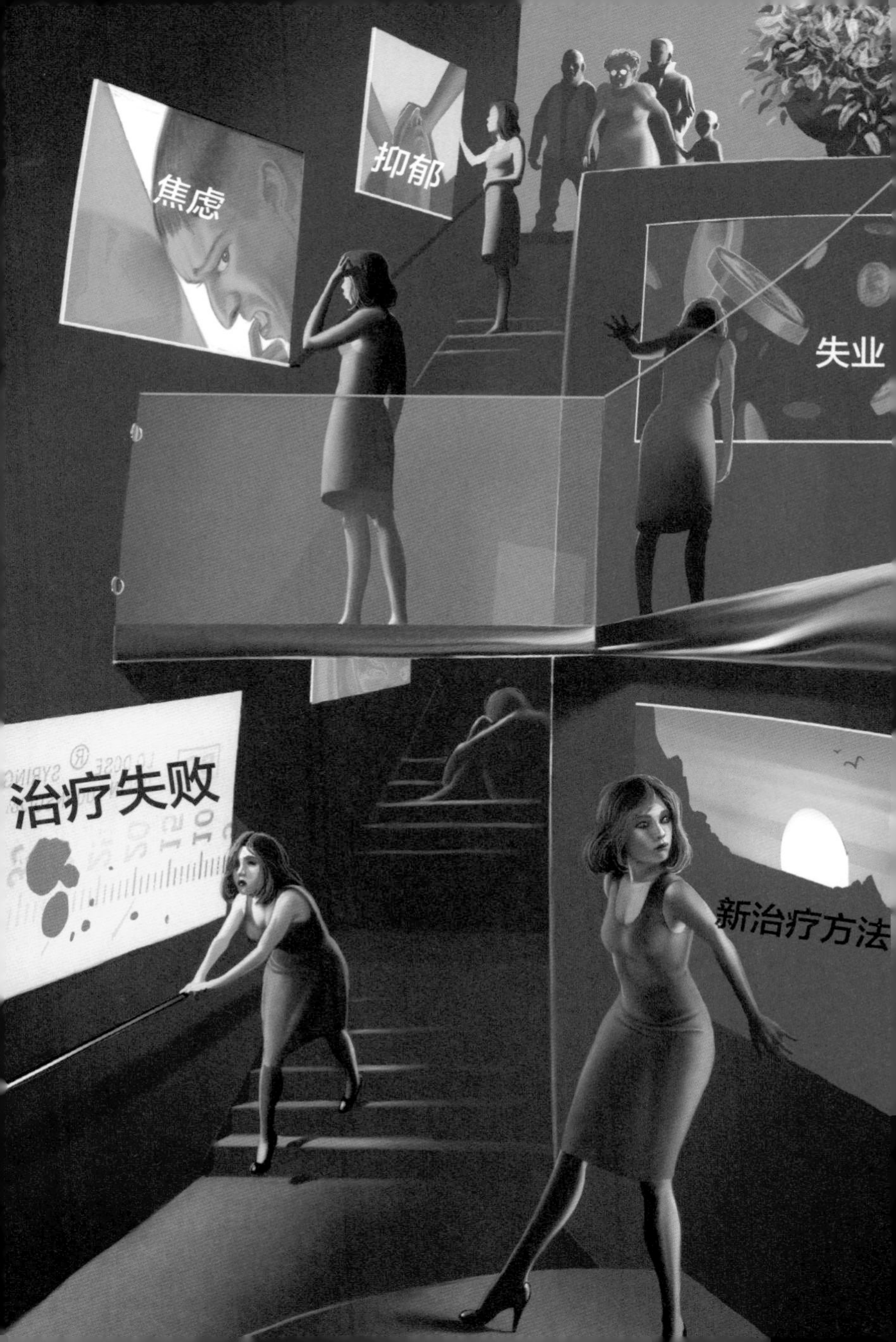
抑郁
焦虑
失业
治疗失败
新治疗方法

慢性疼痛的表现与原因

慢性疼痛患者与急性疼痛患者一样，都会出现一系列难以描述的异常症状。常见的是自发性疼痛，或由触摸、运动而触发的疼痛，包括灼烧、电击、针刺、冰冻或者爬行动物在皮肤上爬行之类怪异的感觉。还有许多患者会出现持续的悸动或疼痛感。慢性疼痛患者也会对刺激异常敏感。这可能表现为触痛，即未受伤的皮肤正常接触衣服或床单都可能导致疼痛，还会出现原发性或继发性痛觉过敏，即神经放大疼痛信号，使得机体对疼痛刺激更加敏感。

对被晒伤的人来说，曾经舒服的温水澡，现在会变得无法忍受；曾经舒适的晚礼服，现在一接触皮肤就会让人痛苦不堪，只能为自己在沙滩上多待了一小时而感到懊悔。还有的人的皮肤在轻微擦伤后，会持续疼痛好长一段时间。这些例子都说明，受伤后的皮肤变得更加敏感（用一个有点夸张的词，就是"娇嫩"）。当组织受到损伤时，身体会释放出一种被称为炎症汤的物质。这种成分复杂的物质会激活并降低伤害性感受器"放电"的阈值，使感受器更容易被接触衣服或温水这类通常不会带来痛觉的事件触发。一旦炎症汤通过服用药物或自然稳定下来，伤害性感受器放电的阈值上升，淋浴就又变成了一种享受。当然，这属于急性疼痛，而非慢性疼痛。但了解这一过程，了解炎症期间免疫反应对疼痛的长期作用，能够使我们更好地认识慢性疼痛的一些特征。

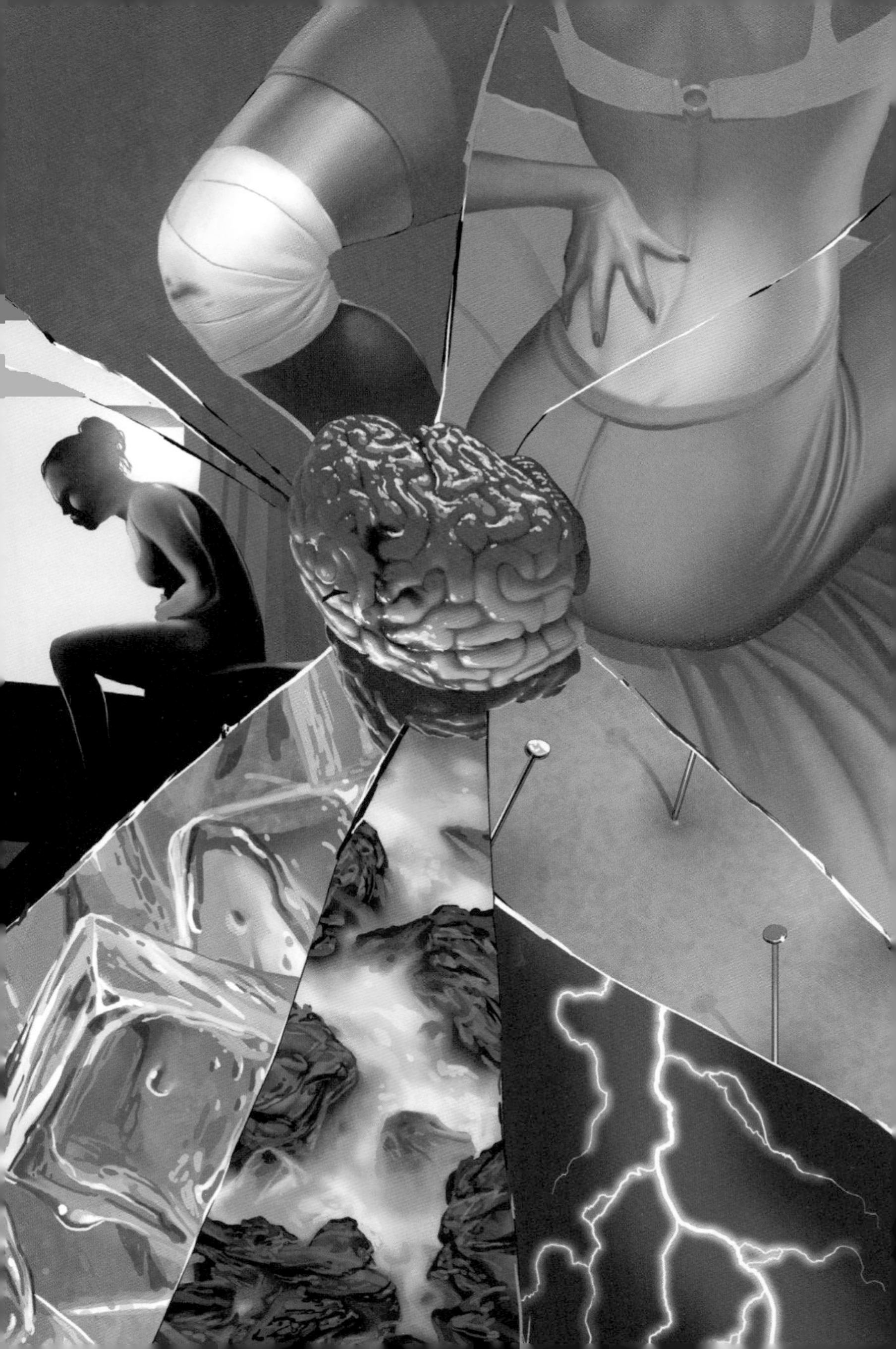

与慢性疼痛相关的更多科学解释

在急性疼痛向慢性疼痛的转变过程中，一些“机制性”变化推动了慢性疼痛的发展、持续与恶化。这些变化在基因、细胞、神经通路、大脑网络和心理层面都会出现。这就意味着，我们在前文中提到的三级神经元系统中的各个环节都会对慢性疼痛的形成产生影响。

通常情况下，生命体一旦出现损伤，其他神经纤维就会停止工作，但 Aδ 纤维和 c 纤维恰恰相反，它们是在受伤后才开始工作的。出现损伤时，这两类神经会持续不断地“放电”，向大脑发射信号，表明“我受伤了”。这就是治疗慢性疼痛的难点所在。想要治好慢性疼痛，必须阻断这一信号。最近的研究表明，人体会在损伤后的免疫反应中释放出神经生长因子（NGF）；而在疼痛的状态下，神经生长因子会释放得更多。神经生长因子会引起外周敏化。随着认识的不断深入，这类因子也成为研究靶向治疗疼痛的新方向，为消除慢性疼痛提供了新的可能性。

疼痛学专家克利福德·伍尔夫（Clifford Woolf）在研究中发现了急性疼痛向慢性疼痛转变的过程中的又一重要机制——中枢敏化。该机制与几类重要的慢性疼痛症状有关系，并使症状不断恶化。中枢敏化这一特定术语是指脊髓（中枢神经系统的组成部分）能将传入的伤害性信号放大，从而进一步加剧疼痛；再加上功能失调的下行疼痛调节系统对伤害性信号要么缺乏抑制，要么过度促进。这样一来，中枢敏化算得上是导致慢性疼痛的关键机制，并在一定程度上对疼痛异常和痛觉过敏的产生都有影响，同时还会加剧持续疼痛的症状。

如果这还不算糟糕的话，那么专注于自己的疼痛以及抑郁、焦虑，会让患者越发感觉疼痛。目前医学界面临的挑战，是阻止受损的伤害性纤维放电，并使所有疼痛信号放大系统稳定下来。

头痛：宿醉与偏头痛

在生活中，宿醉导致的头痛并不少见。但值得一提的是，这类头痛与偏头痛有许多相同的症状：它们都对光和声音敏感，症状有呕吐、头晕和疲乏，还会出现阵发性头痛。然而，宿醉和偏头痛的起源以及诱因却大相径庭。与酒精和脱水导致的宿醉头痛不同，偏头痛可能受遗传因素影响。偏头痛会使人虚弱，可反复发作，也可持续数天，部分患者在发病前可能会出现视觉障碍。

那么，产生宿醉头痛和偏头痛的伤害性信号来自哪里呢？脑膜（大脑表面的保护层）以及为其供血的血管，面部、颈部和头部皮肤的疼痛神经纤维上分布着大量 Aδ 及 c 痛觉感受器，这些疼痛神经都发源于三叉神经。有观点认为，酒精，或红酒与深色酒中的酒精同系物，会导致血管扩张（肿胀），并通过神经网络激活脑膜上的痛觉感受器。酒精与其同系物，以及脱水，也可能直接激活三叉神经发出疼痛信号。坦白地说，科学家现在仍不清楚确切的信号来源。

长期以来，这种血管假说也可以用来解释偏头痛的成因。但我们现在认为，这并不足以解开所有的奥秘。偏头痛的诱因可能源于大脑内部。偏头痛发作期间，三叉神经系统被触发，产生疼痛的神经网络被敏化。我们现在已经知道，三叉神经被激活后会释放化学物质，如降钙素基因相关肽（CGRP），这些物质都与偏头痛的发生密切相关。事实证明，新疗法可以中和或阻断降钙素基因相关肽效应，对一些偏头痛患者来说是有效的。

情绪“放大器”与心因性疼痛

你有没有去看过牙医，看到钻头是不是就对可能出现的疼痛浮想联翩，吓自己一大跳？不经意间，你会感到牙痛更加剧烈了。当你感到悲伤或抑郁时，也会发生同样的情况。研究表明，焦虑、恐惧、悲伤和抑郁等感觉和情绪是大脑的疼痛“放大器”。它们不但能增强传入大脑的伤害性信号，而且还能改变被激活的大脑区域，打破原有的区域组合，影响实际感受到的疼痛。这在一定程度上解释了为什么肉眼可见的组织损伤程度与患者声称的感觉之间常常“不匹配”或者存在差异。在评估疼痛时，这些“隐藏的”放大器与损伤本身同样重要。

心因性疼痛（精神性疼痛）是指患者在完全没有受到任何伤害或组织损伤的情况下，依然会感觉到疼痛。你是否会对他人的痛苦或苦难感同身受？你是否会因遭到社会排斥而感到受伤？你是否会因被伴侣抛弃，或者失去至亲而悲痛？在此类极端和灾难性的情况下，我们习惯使用“痛苦”这样的词来描述我们的情绪。为什么我们会有这种习惯呢？因为在很大程度上，这种感受和身体受到实质性伤害后产生的疼痛感非常接近。研究表明，同理心、社会伤害和间接感受到的疼痛与伤害性疼痛尽管存在一定差异，但都是在相同的大脑区域产生活动的。

总的来说，我们或许更能接受由伤害建构的疼痛模型，也就是出血、割伤和淤血等所导致的疼痛。但是，情绪性和心因性的疼痛也同样不可忽视。疼痛就是疼痛，无论其来源如何。疼痛的定义本身就允许其来源的多样性。

DENTAL CLIN

急性疼痛和慢性疼痛的治疗

我们已经掌握了很多治疗疼痛的手段，急性疼痛也已经能够得到合理的控制，但如何控制慢性疾病仍然是一个棘手的难题。根据目前的治疗手段，约有60% 的慢性疼痛患者无法摆脱疼痛的困扰，而另外 40% 的患者的疼痛缓解得也并不尽如人意。这一情况确实不容乐观，我们迫切地需要新的、更好的治疗手段。

治疗疼痛的方法主要有四种：

1. 药物治疗，即使用各种药物；

2. 心理和谈话疗法，如认知行为疗法、正念疗法和接受疗法——每种疗法都针对慢性疼痛的不同方面；

3. 物理疗法，如康复和锻炼，以消除对运动的恐惧；

4. 手术治疗，如通过手术更换问题关节，或是植入刺激器，刺激器可能针对脊髓（依据闸门控制学说），也可能针对不同的大脑区域，如导水管周围灰质（驱动下行疼痛调控系统中的“抑制臂”），还可能针对前扣带回皮层（据说可以阻止患者关注疼痛）。

一般来说，医生会建议将这些治疗方法结合起来使用，因为它们针对的是慢性疼痛的不同方面和机制。

辅助疗法（CAM）也能在疼痛治疗中派上用场。比如催眠，其产生效果的科学原理尚不明确。还有针灸，这是一种有趣的疗法，已经在东方医学和外科手术中成功应用了至少两千年。我们不知道它们是如何工作的，对这些疗法的研究仍在继续。

催眠
针灸
药物
治疗
外科手术

自然药典

自古以来，人们使用的两种最古老的止痛药分别是阿司匹林（乙酰水杨酸，其前体水杨苷存在于柳树中）和吗啡（罂粟籽荚的主要成分）。目前，阿司匹林在很大程度上被布洛芬（针对有炎症的情况）或扑热息痛（针对无炎症的情况）取代。阿司匹林或布洛芬等非甾体抗炎药（NSAIDs）背后的生物学原理很简单。它们阻断了形成前列腺素的关键酶（环氧合酶，COX），而前列腺素是激活和敏化疼痛通路的炎症汤的重要成分。由于扑热息痛仅在中枢神经系统抑制关键酶，因此对炎症几乎没有作用。它可用于退烧并缓解轻度到中度疼痛，但其工作原理尚不明确。

人们对吗啡这种强效药物的爱与恨始于19世纪初的德国化学家弗里德里希·泽尔蒂纳（Friedrich Sertürner，1783—1841）。他首次从鸦片（或“罂粟汁液”）中提取出了吗啡，并以罗马神话中的梦神的名字（Morpheus）命名。现在，吗啡及其衍生物仍然被广泛用于治疗急性疼痛，疗效非常显著。然而，吗啡和其他阿片类药物具有高耐受性、高依赖性、高成瘾性、药效不确定等特点，因此难以用来治疗慢性疼痛。

令人惊讶的是，人体也会自制“吗啡”。在使用安慰剂镇痛的过程中，人体会释放内源性阿片类物质，或者产生使跑步者“兴奋”的内啡肽。我们的身体甚至可以自己制造大麻素（内源性大麻素）。尽管大麻二酚和医用大麻可以进行合法交易，但目前还没有充分证据表明，大麻植物中的任何一种大麻素可以缓解慢性疼痛。最新研究发现，一些蛇毒蛋白（黑曼巴毒肽）和肉毒杆菌毒素（来自细菌肉毒梭菌）具有潜在的镇痛特性。

镇痛、麻醉与疼痛

其他重要的主流镇痛药物包括抗惊厥药和抗抑郁药。前者主要用于抑制神经元的兴奋，后者可以调整大脑调节系统（如下行疼痛调控系统）中经常发生的神经化学失衡。最近，阻断神经生长因子（抗 NGF 抗体）的生物制剂为镇痛提供了新的选择。

当然，既然痛苦是意识的一种，那么消除痛苦的最好方法是消除意识本身。但这一操作必须被限制在可控和可逆的范围内，比如外科手术中的麻醉。如今，每年有数以百万计的全身麻醉剂被用于达成麻醉想要实现的效果：无疼痛、无知觉、无运动。尽管患者在医生动刀时仍然有可能存在意识，仍有可能感觉到极度疼痛却无法动弹或说话，但这种情况极为罕见。

奇怪的是，尽管第一支全身麻醉剂在 1846 年就投入了使用，但对其中的一些机制，我们仍不清楚。许多不同的化学品和药物都能产生麻醉效果，使人意识丧失，这显然不是单一的原因或某种简单的原理就能够解释的。一些麻醉剂通过静脉给药（如异丙酚），另一些则通过吸入给药（如氟烷）。在麻醉期间使用先进的大脑成像工具，我们可以“观察到”大脑神经网络如何像电灯一样被关闭，从而了解无意识如何出现，以及疼痛如何消除。

与全身麻醉不同的是，局部麻醉剂仅在给药区域产生止痛效果。在麻醉期间，神经中的（钠）离子通道被暂时阻断，进而阻断疼痛信号向中枢神经系统的传递。局部麻醉药安全有效，广泛应用于常规医疗和牙科临床实践。

是光明还是黑暗，疼痛的未来究竟如何

不幸的是，疼痛也是施虐的工具。酷刑被用作战争或审讯的武器，执法机构使用胡椒喷雾控制骚乱。有些人甚至给马注射辣椒素，让它们对疼痛变得异常敏感，这样，它们在赛马比赛中就能够更加迅速地抬腿奔跑。

从好的方面讲，科学研究正朝着崭新的、令人兴奋的方向不断深入。这不仅可以加深人们对疼痛的认识，还可以更好地治疗疼痛。例如，对于先天性无痛症患者不起作用的（钠）离子通道，现在被用来研究如何阻止疼痛信号在非先天性无痛症患者体内传递；人们还研究了新的生物制剂，用以中和神经生长因子和降钙素基因相关肽，以治疗炎性疼痛，逆转并预防偏头痛。人们还在对新近发现的感受器（传导压力、温度和味觉等感觉，如前文中提及的 TRP 家族）进行研究，试图了解能否通过阻断其信号来缓解疼痛。上述种种研究都为研制安全有效的新药带来了希望。

数字健康也越来越多地被运用在疼痛管理中。如今，针对特定的大脑区域或脊髓神经网络的脑机接口和神经刺激器已成为慢性疼痛患者的选择。我们最终的研究目标，是了解什么使人容易患上慢性疼痛，或者如何抵抗它，并且预测哪种治疗方法对患者最有效。

科学正在打破疼痛的神话，改变社会对疼痛的态度，并为我们提供治疗慢性疼痛的新疗法。希望就在前方！

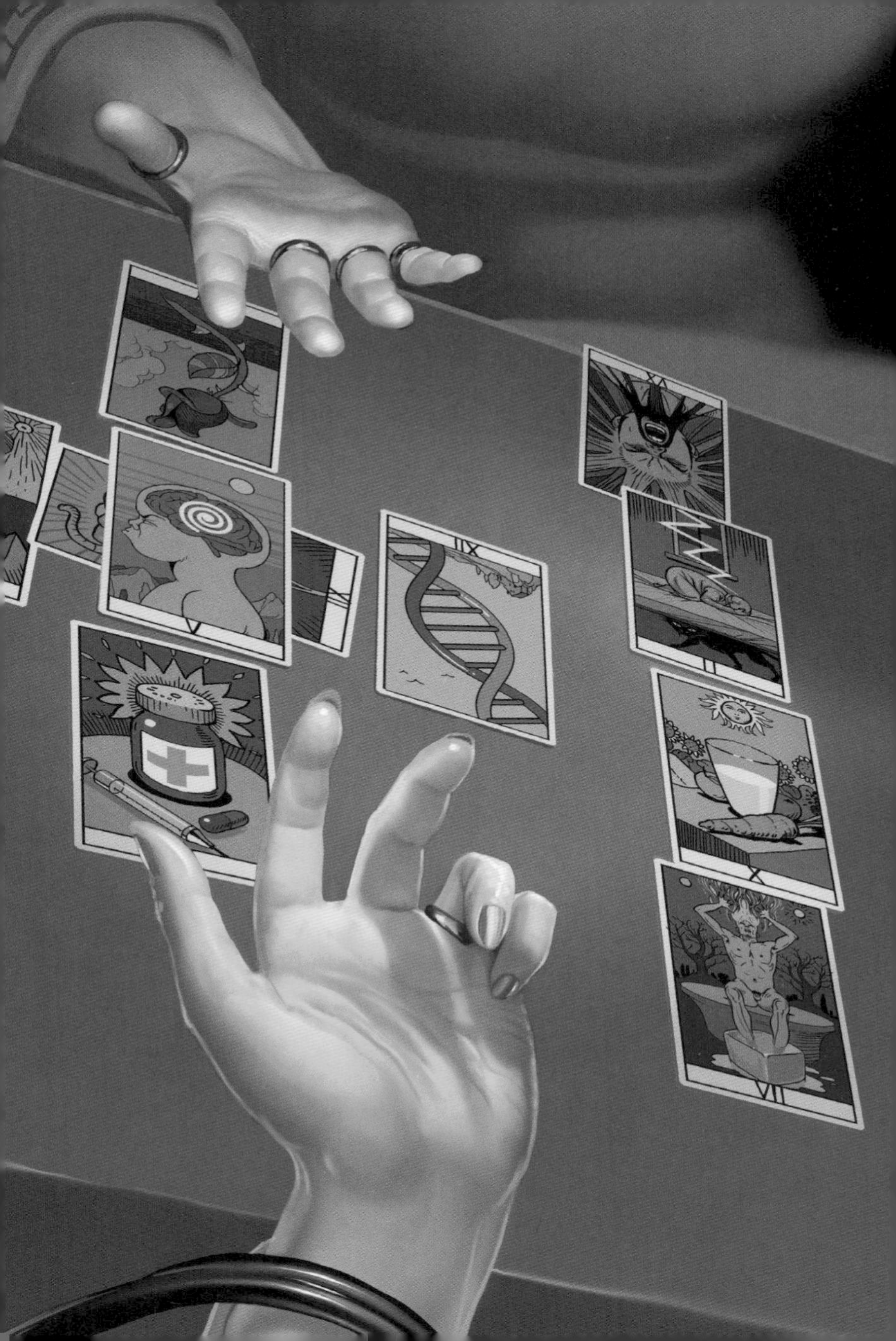

拓展阅读

通俗类：

Joanna Bourke, *The Story of Pain: From Prayer to Painkillers*. Oxford University Press, 2014.

Walter A. Brown, *The Placebo Effect in Clinical Practice*. Oxford University Press, 2013.

Ronald Melzack and Patrick D. Wall, *The Challenge of Pain*. 2nd edn, Penguin, 1996.

Pain Exhibit online art galleries. painexhibit.org/en/.

Elaine Scarry, *The Body in Pain: The Making and Unmaking of the World*. Oxford University Press, 1985.

Susan Sontag, *Regarding the Pain of Others*. Hamish Hamilton, 2003.

Irene Tracey, *The Anatomy of Pain*. BBC World Service. January–February 2018 (www.bbc.co.uk/programmes/w3cswdkg).

Irene Tracey, *From Agony to Analgesia.* BBC Radio 4. August2017 (www.bbc.co.uk/programmes/b0925604).

Irene Tracey, *How Pain Works*. BBC Science Focus. July 2017.

Nicola Twilly, *The Neuroscience of Pain.* The New Yorker. 2 July 2018 (www.newyorker.com/magazine/2018/07/02/the-neuroscience-of-pain).

Patrick Wall, Pain: *The Science of Suffering*. Columbia University Press, 2000.

专业类：

Pankaj Baral et al., *Pain and Immunity: Implications for Host Defence. Nature Reviews Immunology*. 2019; 19(7): 433–447.

David J. Beard et al., *Considerations and Methods for Placebo Controls in Surgical Trials (ASPIRE Guidelines). Lancet.*2020; 395(10226): 828–838.

David L. Bennett et al., *The Role of Voltage-Gated Sodium Channels in Pain Signaling. Physiological Reviews*. 2019; 99(2): 1079–1151.

Karen D. Davis et al., *Brain Imaging Tests for Chronic Pain: Medical, Legal and Ethical Issues and Recommendations. Nature Reviews Neurology*. 2017; 13(10): 624–638.

Franziska Denk et al., *Pain Vulnerability: A Neurobiological Perspective. Nature Neuroscience*. 2014; 17(2): 192–200.

Peter J. Goadsby et al., *An Update: Pathophysiology of Migraine. Neurologic Clinics*. 2019; 37(4): 651-671.

Christian A. von Hehn et al., *Deconstructing the Neuropathic Pain Phenotype to Reveal Neural Mechanisms. Neuron*. 2012; 73(4): 638–652.

Institute of Medicine, *Relieving Pain in America: A Blueprint for Transforming Prevention, Care, Education, and Research.* National Academies Press, 2011.

The International Association for the Study of Pain.www.iasp-pain.org.

David Julius, *TRP Channels and Pain. Annual Review of Cell and Developmental Biology*. 2013; 29: 355–384.

Rohini Kuner et al., *Structural Plasticity and Reorganisation in Chronic Pain. Nature Reviews Neuroscience*. 2016; 18(1):20-30.

Stephen McMahon et al. (eds.). *Wall and Melzack's Textbook of Pain. 6th edn, Elsevier*, 2013.

Irene Tracey et al., *Composite Pain Biomarker Signatures for Objective Assessment and Effective Treatment. Neuron*. 2019;101(5): 783–800.

致谢

有许多人在编写本书的过程中给予了我慷慨的帮助和积极的反馈，在此对他们表示衷心的感谢。他们是：企鹅出版社的罗尼·费尔威瑟、阿里尔·帕基尔和基特·谢泼德，以及为本书提供了很多药理学知识的理查德·哈格里夫斯。还要感谢我研究团队中的同事。多年来，我们在一起研究、学习，大家一直乐在其中。最后，感谢我的家人——迈尔斯、科莱特、约翰和吉姆对我的支持。